中国热带亚热带特色果树种质资源丛书

"十四五"国家重点出版物出版规划项目

Germplasm
Resources
of

Ananas

comosus

刘传和　贺涵—著

菠萝种质资源

U0214020

SPM 南方传媒 | 广东科技出版社
全国优秀出版社

· 广 州 ·

图书在版编目（CIP）数据

菠萝种质资源 / 刘传和，贺涵著. 一广州：广东科技出版社，2023.8
ISBN 978-7-5359-8079-3

Ⅰ．①菠… Ⅱ．①刘…②贺… Ⅲ．①菠萝—种质资源—图集 Ⅳ．①S668.3-64

中国国家版本馆CIP数据核字（2023）第079846号

菠萝种质资源
Boluo Zhongzhi Ziyuan

出 版 人：严奉强
项目策划：罗孝政　尉义明
责任编辑：尉义明　于　焦
封面设计：柳国雄
责任校对：李云柯　廖婷婷
责任印制：彭海波
出版发行：广东科技出版社
　　　　　（广州市环市东路水荫路11号　邮政编码：510075）
销售热线：020-37607413
https://www.gdstp.com.cn
E-mail：gdkjbw@nfcb.com.cn
经　　销：广东新华发行集团股份有限公司
印　　刷：广州市彩源印刷有限公司
　　　　　（广州市黄埔区百合三路8号201房　邮政编码：510700）
规　　格：889 mm×1 194 mm　1/16　印张7.75　字数200千
版　　次：2023年8月第1版
　　　　　2023年8月第1次印刷
定　　价：98.00元

菠萝又称为凤梨、王梨、黄梨，是凤梨科凤梨属多年生单子叶草本植物，是凤梨科中最重要的经济作物和世界第三大热带水果，也是我国岭南四大佳果之一。菠萝果实风味独特，香味浓郁，富含膳食纤维、糖类、有机酸与菠萝蛋白酶，具有助消化和肠道保健作用，深受消费者喜爱。菠萝果实除用作鲜食外，也可加工成罐头、果汁、果干、果酱或果酒等。菠萝罐头因能较好地保持原有鲜果的色香味，被誉为"罐头之王"，是全球产量较大、品质较好的水果罐头之一。菠萝的果实、茎、叶都可用于提取菠萝蛋白酶，菠萝叶纤维也是很好的纺织加工材料。

菠萝产业为我国热区主要农业产业之一。广东省是我国菠萝生产第一大省，种植面积已达 4 万 hm^2，产量达 126 万 t。菠萝是广东最具特色和竞争优势的热带水果之一，为产区经济社会发展作出了重要贡献。全省已形成湛江雷州半岛的粤西生产种植区，揭阳、汕尾、潮州的粤东生产种植区，以及中山、肇庆、广州郊区的中部生产种植区三大菠萝生产种植区。

多年来，我国菠萝研究工作者在菠萝种质资源调查、收集、保存、评价，新品种选育及应用等方面做了大量卓有成效的工作。只有研究和掌握类型丰富、性状优良的菠萝种质资源，完善菠萝种质资源的性状评价，开展创新利用，才能持续选育出优良菠萝新品种，促进我国菠萝产业的健康可持续发展。

20 世纪 70 年代以来，广东省农业科学院果树研究所持续开展菠萝种质资源的调查研究、收集保存及评价利用，建立了菠萝种质资源保存圃。近年来，广东省农业科学院果树研究所菠萝种质资源圃在中华人民共和国农业农村部、广东省科学技术厅、广东省农业农村厅，以及广州市等相关项目的支持下，已收集保存了菠萝种质资源约120份，并开展了部分资源的评价与创新利用。为广东省乃至华南地区菠萝种质资源创新研究等提供了丰富材料。

多年来，我们对部分菠萝种质资源进行了较为系统的观察，并拍摄照片，掌握了较为翔实的一手资料。为了向广大科技工作者和生产者介绍菠萝相关种质资源情况，我们于2023年编写了《菠萝种质资源》。本书直观、准确、真实地反映了不同菠萝种质资源的性状表现，希望对读者有所帮助。全书有选择地收录了"卡因类""皇后类""西班牙类""杂交类"4个类群的菠萝种质资源共55个，既有传统种植的品种，也有近年创制选育的菠萝新种质，重点介绍了果实性状及其综合评价。

感谢刘岩研究员等前辈的辛勤付出，为菠萝种质资源研究打下良好基础。

限于著者水平，本书疏漏和不妥之处在所免，敬请读者批评指正。

著　者
2023 年 5 月

目　录
Contents

卡因类

皇后类

西班牙类

杂交类

卡因类

卡因类（Cayenne Group）因法国探险队在南美洲圭亚那卡因地区发现而得名。卡因类菠萝植株高大、健壮，叶片长而宽、厚实，叶多，叶缘无刺或仅叶尖、叶基部偶有少许小刺。卡因类菠萝果大，一般单果质量可达 1.2 kg 或以上；果实多圆筒形，果眼浅，小果扁平；果肉淡黄色，清甜多汁，甜酸适中，是适合圆片罐头或果汁加工的主要品种类型。

在我国菠萝产区种植的卡因类代表品种有无刺卡因菠萝、粤引澳卡菠萝等。

无刺卡因菠萝

别　　名｜意大利种、沙捞越、千里花。

主要性状｜植株高大健壮。叶缘无刺或仅叶尖、叶基部偶有少许小刺，叶面光滑，中间有紫红色彩带，叶背披白粉。果实圆筒形，单果质量1.25～2.00 kg，大者单果质量2.50～3.00 kg；果肉淡黄色或淡黄色偏白，嫩滑，清甜多汁；小果数较多，果眼大而扁平；果柄较短。果实可溶性固形物含量13%～16%，可滴定酸含量0.5%～0.8%。结果后每株抽生吸芽2～5个，裔芽2～6个。单冠芽，冠芽较大。

综合评价｜适应性较好，生长势强。经过冬季低温后春季自然抽蕾较整齐，反季节催花成花整齐度略差。夏季正造果成熟期为8月，丰产性好。果实可食率高，适宜鲜食或加工成果汁、圆片罐头。

粤引澳卡菠萝

主要性状 | 植株高大健壮。叶缘无刺或叶尖、叶基部偶有少许小刺，叶面光滑，中间有紫红色彩带，叶背披白粉。果实圆筒形，果形端正，单果质量 1.30～1.50 kg，最大单果质量 3.00 kg；果心韧，果肉嫩滑、黄色，纤维少，清甜多汁；小果数较多，果眼大而扁平；果柄粗短；香味较浓。果实可溶性固形物含量 15%～18%，可滴定酸含量 0.5%～0.8%。结果后每株抽生吸芽 2～5 个，裔芽 1～5 个。单冠芽，冠芽大。

综合评价 | 适应性较好，生长势强。经过冬季低温后春季自然抽蕾较整齐，夏季正造果成熟期为 8 月上中旬，丰产性好。果实可食率高，适宜鲜食或加工成果汁、圆片罐头。

粤利菠萝

主要性状 | 植株高大健壮。叶片全缘有刺，叶面光滑，叶背披白粉。果实圆筒形，果形端正，平均单果质量 1.30 kg；果心韧，果肉嫩滑、黄色，纤维少，香甜多汁；小果数较多，果眼扁平；果柄粗短。果实可溶性固形物含量 16%～18%，可滴定酸含量 0.4%～0.5%。结果后每株抽生吸芽 2～5 个，裔芽少。单冠芽，冠芽中等偏大。

综合评价 | 适应性好，生长势强。经过冬季低温后春季自然抽蕾较整齐，夏季正造果成熟期为 7 月下旬至 8 月上旬，丰产性好。果实适宜鲜食或加工成果汁、圆片罐头。

粤绿煌菠萝

主要性状 | 植株较高大健壮。叶缘无刺或叶尖偶有少许小刺,叶面光滑、叶色鲜绿,叶片正面有紫红色线状条带,叶背披白粉。抽蕾后花瓣黄色,未成熟果实的果皮绿色。果实圆筒形,果形端正,平均单果质量 1.35 kg;果心韧,果肉致密嫩滑、黄色,纤维少,清甜多汁;小果数较多,果眼扁平;果柄粗,中等偏短。果实可溶性固形物含量 16%～19%,可滴定酸含量 0.4%～0.6%。结果后每株抽生吸芽 2～5 个,裔芽 1～3 个。单冠芽,冠芽较大。

综合评价 | 适应性较好,生长势强。经过冬季低温后春季自然抽蕾较整齐,夏季正造果成熟期为 7 月下旬至 8 月上中旬,丰产性好。果实适宜鲜食或加工成果汁、高档圆片罐头。

萝岗卡因菠萝

主要性状 | 植株主要性状与无刺卡因菠萝较为相似。

综合评价 | 适应性较好，经过冬季低温后春季自然抽蕾较整齐。现在广州黄埔（萝岗）、增城等地有种植，以正造种植为主。夏季正造果成熟期为7月下旬至8月下旬。果实多鲜食，也适宜加工成果汁、圆片罐头。

有刺卡因菠萝

主要性状 | 与无刺卡因菠萝的主要性状差异是叶缘有刺，小果眼略微突起，果肉色泽较无刺卡因略偏黄，品质比无刺卡因略好。果实圆筒形，果形端正，平均单果质量 1.30 kg；果心韧，果肉嫩滑、黄色，纤维少，香甜多汁；小果数较多，果眼扁平；果柄粗短。果实可溶性固形物含量 16%～18%。结果后每株抽生吸芽 2～5 个，裔芽少。单冠芽，冠芽中等偏大。

综合评价 | 适应性较好，经过冬季低温后春季自然抽蕾较整齐，夏季正造果成熟期为 7 月中下旬至 8 月上中旬。果实适宜鲜食，也可加工成果汁、圆片罐头。

泰国卡因菠萝

主要性状 | 植株性状基本同无刺卡因菠萝，但一般无裔芽。果实圆筒形、较大，果形端正，单果质量 1.50～1.70 kg；果肉黄色。果实平均可溶性固形物含量 14%。结果后每株抽生吸芽 2～5 个，裔芽 1～3 个。单冠芽，冠芽较大。

综合评价 | 适应性较好，经过冬季低温后春季自然抽蕾较整齐，夏季正造果成熟期为 8 月上中旬。果实适宜鲜食，也可加工成果汁、圆片罐头。

夏威夷种菠萝

主要性状 | 植株健壮。叶缘无刺或仅叶尖有少许小刺。果大，单果质量 1.50～2.30 kg；成熟时果肉黄色，稍透明，肉质润滑。果实可溶性固形物含量 13%～15%。吸芽早生，结果后每株抽生吸芽 2～3 个，裔芽少或无。单冠芽，冠芽较大。

综合评价 | 适应性较好，经过冬季低温后春季自然抽蕾较整齐，夏季正造果成熟期为 8 月上中旬，高产。果实适宜鲜食或加工成果汁、圆片罐头。

开英 1 菠萝

别　名 | 台农 1 号菠萝。

主要性状 | 植株较大,株形开张。叶片绿色,叶面光滑,叶缘无刺或叶尖偶有少许小刺。果实呈圆筒形,单果质量 1.00～1.30 kg;果肉淡黄色,多汁;小果苞片较平,果眼较浅。果实可溶性固形物含量 10%～12%,纤维较多,酸含量较高。结果后每株抽生吸芽 2～5 个,裔芽 2～10 个。单冠芽,冠芽中等偏大。

综合评价 | 适应性较好,经过冬季低温后春季自然抽蕾较整齐,夏季正造果成熟期为 7 月下旬至 8 月上旬。果实适宜鲜食,也可加工成果汁、圆片罐头。

卡
因
类

开英2菠萝

别　名｜台农2号菠萝。

主要性状｜植株较大，株形开张。叶片较厚，韧性较强，叶面光滑，深绿色，叶缘无刺或叶尖偶有少许小刺。花紫红色。果实圆筒形，单果质量1.10～1.50 kg；果肉润滑，淡黄色，多汁；小果苞片较平，果眼较浅。果实可溶性固形物含量12%～15%，纤维较多，酸含量较高。结果后每株抽生吸芽1～5个，裔芽2～10个。单冠芽，冠芽较大。

综合评价｜适应性较好，经过冬季低温后春季自然抽蕾较整齐，夏季正造果成熟期为7月下旬至8月上中旬。果实适宜鲜食，也可加工成果汁或圆片罐头。

4-37 菠萝

主要性状 | 植株高大健壮。叶缘无刺或叶尖、叶基部偶有少许小刺,叶片柔软,叶面光滑,中部彩带不明显,叶背披白粉。果实圆筒形,果形端正,单果质量 1.40～1.80 kg;果心韧,果肉嫩滑、黄色,纤维少,清甜多汁,香味较浓;小果数较多,果眼大而扁平;果柄粗短。果实可溶性固形物含量 16%～18%,可滴定酸含量 0.5%～0.8%。结果后每株抽生吸芽 3～6 个,裔芽 3～5 个。单冠芽,冠芽大。

综合评价 | 适应性好,生长势强。经过冬季低温后春季自然抽蕾较整齐,夏季正造果成熟期为 8 月上中旬,丰产性好。果实适宜鲜食或加工成果汁、圆片罐头。

23

皇后类

皇后类（Queen Group）为最古老的栽培菠萝类型，有 400 多年栽培历史，植株中等或偏小，叶片通常较卡因类短，叶缘有刺。果实近圆筒形或圆锥形，小果锥状突起，果眼较深；果肉黄色至金黄色，肉质爽脆，含糖量相对较高，味甜，香味浓郁，果汁不及卡因类多，以鲜食为主。

在我国菠萝产区种植的皇后类代表品种有巴厘菠萝、神湾菠萝，以及从巴厘菠萝等中选出的新品种（系）。

巴厘菠萝

别　　名 | 大果红毛梨、黄果或菲律宾种。

主要性状 | 植株中等偏大。叶片较开张，全缘有刺，叶片青绿色带黄色，叶背披白粉。果实中等大小，短圆筒形或近圆锥形，单果质量0.75～1.30 kg；果眼深，1.0～1.2 cm；果肉黄色，肉质爽脆，较致密，纤维少，多汁，香味浓郁。果实可溶性固形物含量14%～17%，可滴定酸含量.5%～0.7%。结果后每株抽生吸芽2～7个，裔芽2～6个。单冠芽，冠芽中等大小。

综合评价 | 现为我国种植面积最大的菠萝品种，主产于广东湛江徐闻、雷州，以及海南、广西等地。春季自然抽蕾较整齐，反季节催花成花容易，丰产稳产。夏季正造果成熟期为5月中下旬至6月中下旬。果实品质较好，多作鲜食，也可加工成圆片罐头或果汁。

神湾菠萝

别　　名 | 金山种或金山簕仔。

主要性状 | 植株较小。叶片较开张，全缘有刺，叶色青绿，叶背披白粉。果实较小，单果质量 0.40～0.80 kg，近圆锥形；果眼深，约 1.0 cm；果肉黄色，爽脆，纤维少，果汁中等偏少，香味浓郁；果柄长。果实可溶性固形物含量 15%～19%，可滴定酸含量 0.5%～0.6%。结果后抽生的吸芽多，每株 20～50 个，裔芽 1～5 个。单冠芽，冠芽中等偏小。

综合评价 | 适应性好，春季自然抽蕾较整齐，反季节催花成花容易，产量稳定，现主栽于广东中山神湾，近年其他产区有引种。夏季正造果成熟期为 6 月中下旬。果实品质好，以鲜食为主。

大刺菠萝

主要性状 | 植株高大，壮旺。叶片浓绿色，开张，全缘有刺，叶刺较稀，刺长，微红色。果实中等偏小，单果质量 0.70～1.20 kg，果皮绿色；果眼较深，风味略差。开花后苞片为红色，果实外观整体显红色。结果后每株抽生吸芽 2～7 个，裔芽 2～6 个。单冠芽，冠芽大。

综合评价 | 适应性好，春季自然抽蕾较整齐，反季节催花成花容易，产量稳定，夏季正造果成熟期为 6 月中下旬。果实品质略差，种植少。

神湾大花菠萝

主要性状 ｜ 植株形态与神湾菠萝相似，叶片全缘有刺。果实比神湾菠萝大，单果质量 1.00～1.30 kg，果眼较神湾菠萝略平。结果后每株抽生吸芽5～10 个，裔芽 2～6 个。单冠芽，冠芽较大。

综合评价 ｜ 适应性好，春季自然抽蕾较整齐，反季节催花成花容易，产量稳定，夏季正造果成熟期为 6 月下旬，种植少。

金香菠萝

主要性状｜植株直立。叶片细长，全缘有刺。果实长筒形或锥形，平均单果质量 1.15 kg；成熟时果皮金黄色，果眼大，略突；果肉黄色，风味甜酸适中，香味浓，质地爽脆，纤维少。果实平均可溶性固形物含量15％。结果后每株抽生吸芽 1～2 个，裔芽 2～5 个。单冠芽，冠芽中等大小。

综合评价｜适应性好，春季自然抽蕾较整齐，反季节催花成花容易，产量稳定，夏季正造果成熟期为 7 月上中旬，抗寒性优于巴厘菠萝，丰产稳产性好。果实多鲜食。

菠萝种质资源

金香菠萝照片由王小媚提供，谨此致谢！

8号菠萝

主要性状 | 植株中等偏大。叶片较直立，全缘有刺，叶色青绿带黄，叶背披白粉。果实成熟时果皮薄，金黄色，果眼平，平均单果质量 1.30 kg；果肉黄色，风味甜酸适中，香味浓；果实质地爽脆，纤维少。果实可溶性固形物含量 14%～18%，品质较好。结果后每株抽生吸芽 3～5 个，裔芽 2～5 个。单冠芽，冠芽较大。

综合评价 | 适应性好，春季自然抽蕾较整齐，反季节催花成花容易，夏季正造果成熟期为 7 月中下旬至 8 月上中旬。果实宜鲜食或加工成圆片罐头、果汁。

3-28 菠萝

主要性状 | 植株中等偏小。叶片较开张,全缘有刺,叶色青绿,叶背披白粉。果实成熟时中等略偏小,近圆锥形,单果质量 0.70~0.90 kg;果眼深约 0.8 cm;果肉黄色,爽脆,纤维少,果汁中等偏少,香味浓郁;果柄长。果实可溶性固形物含量 15%~18%,可滴定酸含量 0.5%~0.7%。结果后每株抽生吸芽 5~10 个,裔芽 2~5 个。单冠芽,冠芽中等偏小。

综合评价 | 适应性好,春季自然抽蕾较整齐,反季节催花成花容易,夏季正造果成熟期为 6 月中下旬。果实以鲜食为主。

红顶巴厘菠萝

主要性状 | 植株中等偏大。叶片较开张，青绿色带黄色，全缘有刺，叶背披白粉。果实中等大小，短圆筒形或近圆锥形，单果质量 0.75～1.30 kg；果眼深，1.0～1.2 cm；果肉黄色，肉质爽脆，较致密，纤维少，多汁，香味浓郁。果实可溶性固形物含量 14%～17%，可滴定酸含量 0.5%～0.7%。结果后每株抽生吸芽 2～7 个，裔芽 2～6 个。单冠芽，冠芽中等大小，顶芽叶片边缘小刺为红色。

综合评价 | 适应性好，春季自然抽蕾较整齐，反季节催花成花容易，丰产稳产，夏季正造果成熟期为 6 月中旬至 7 月上中旬。果实适宜鲜食，也可加工成圆片罐头或果汁。

维多利亚菠萝

主要性状 ｜ 植株中等大，株形较直立。叶片较宽，绿色，全缘有刺。果实中等大小，成熟时圆柱形，平均单果质量1.50 kg，果皮金黄色；果眼微突，较深，约0.8 cm；果肉金黄色，肉质及果心爽脆，纤维多，香甜多汁，鲜食口感好，果心稍大。果实可溶性固形物含量15%～18%。结果后每株抽生吸芽2～5个，裔芽少。单冠芽，冠芽中等偏大。

综合评价 ｜ 适应性好，春季自然抽蕾较整齐，反季节催花成花容易，夏季正造果成熟期为6月下旬至7月上中旬。果实适宜鲜食。

云南小菠萝

别　名 | 云南香水小菠萝。

主要性状 | 植株偏小，株形较直立。叶片较短，绿色偏黄，全缘有刺，植株的外观、大小与神湾菠萝相似。果实较小，近圆形，单果质量 0.40～0.60 kg；果实成熟时果皮金黄色，果眼平，较浅，深约 0.5 cm；果肉金黄色，肉质柔软，纤维少，香甜多汁，鲜食口感好，果心稍大。果实可溶性固形物含量 16%～19%。结果后每株抽生吸芽 5～10 个，裔芽少。单冠芽，冠芽中等大小。

综合评价 | 适应性好，春季自然抽蕾较整齐，反季节催花成花容易，夏季正造果成熟期为 6 月下旬至 7 月上中旬。果实适宜鲜食或小菠萝加工。

泰国小菠萝

主要性状 | 植株相对较小。叶片较短，全缘有刺。果实成熟时果皮为黄色，约拳头大小，近球形，果皮较薄，单果质量 0.25～0.50 kg；果肉色泽金黄，香甜，肉质柔软，纤维少，果心脆甜。结果后每株抽生吸芽 3～10 个，裔芽少。单冠芽，冠芽中等偏小。

综合评价 | 适应性好，春季自然抽蕾较整齐，反季节催花成花容易，夏季正造果成熟期为 6 月下旬至 7 月上中旬。果实适宜鲜食或小菠萝加工。

金筒菠萝

主要性状 | 植株形态与神湾菠萝相似。叶片全缘有刺。果实成熟时短筒形，果实较神湾菠萝略大，平均单果质量 0.72 kg；果皮、果肉黄色，肉质爽脆。果实总糖含量 15.3%，可滴定酸含量 0.55%。结果后每株抽生的吸芽多，裔芽少。单冠芽，冠芽中等大小。

综合评价 | 适应性好，春季自然抽蕾较整齐，反季节催花成花容易，夏季正造果成熟期为 6 月下旬至 7 月上中旬。果实适宜鲜食。

西班牙类

西班牙类（Spanish Group）植株较大，叶片较软、黄绿色，叶缘有红色刺，亦有无刺品种。果实中等大，果眼大而扁平，间有突起或中部凹陷；果肉淡黄色至金黄色，含酸量高，纤维多，裔芽多。

西班牙类代表品种有土种有刺菠萝、土种无刺菠萝等，现生产中种植少。

土种有刺菠萝

主要性状 植株高大。叶片长，较宽、薄，叶质韧，叶片全缘有刺，叶刺红色；叶片黄色、绿色或青绿色；叶面中间有红色彩带。果实短筒形，果皮暗红色，单果质量0.70～1.00 kg；基部多果瘤；果眼浅，果肉黄色，纤维多，汁少，含糖量低，含酸量高，风味较差。结果后每株抽生吸芽3～7个，裔芽3～5个。单冠芽，冠芽大。

综合评价 品质略差，迟熟，纤维多，现在生产中种植少。

土种无刺菠萝

主要性状 植株高大。叶片长而宽、薄而韧，叶缘无刺；叶片黄绿色或青绿色，叶面中间有红色彩带。果实成熟时果皮暗红色，单果质量0.70～1.10 kg，果实通常上大下小，基部多果瘤；果眼浅，果肉黄色，纤维多，汁少，含糖量低，含酸量高，风味差。结果后每株抽生吸芽3～7个，裔芽3～5个。单冠芽，冠芽大。

综合评价 品质略差，迟熟，低产，现在生产中种植较少。

越南土种菠萝

主要性状 | 植株高大。叶片全缘有刺，叶片薄而韧，叶片青绿色偏紫红色。果皮暗红色，单果质量 0.50～0.70 kg；果肉黄色，纤维多，汁少，香味淡，含糖量低，含酸量高，风味差。结果后每株抽生吸芽 3～5 个，裔芽 2～5 个。单冠芽，冠芽大。

综合评价 | 品质较差，迟熟，低产，生产中少见种植。

西班牙类

57

肇庆土种有刺菠萝

主要性状 | 植株高大，株形开张。叶片全缘有刺，叶片薄而韧，叶色偏紫红。单果质量 1.00～1.30 kg，果皮紫红色；果肉黄色，纤维多，汁少，香味淡，含糖量低，含酸量高，风味略差。结果后每株抽生吸芽 3～7 个，裔芽 3～5 个。单冠芽，冠芽大。

综合评价 | 生产中种植较少。

杂交类

　　杂交类（Hybrid Group）指菠萝育种工作者通过杂交培育的菠萝新品种。这类菠萝因杂交育种过程中的亲本来源不同而在品种特征特性方面存在差异。有的品种叶片有刺，有的品种叶片无刺；有的果眼较深，有的果眼较浅；有的果肉香甜，有的果肉清甜或味道略淡。

　　生产中常见的杂交菠萝品种有粤甜菠萝、金钻菠萝、香水菠萝等。

粤脆菠萝

主要性状 | 植株高大，较直立。叶片全缘有刺。花蓝紫色。果实成熟时果皮黄色，正造果果形略欠端正，单果质量 1.20～1.50 kg；果肉黄色，肉质及果心均爽脆，纤维少，香味浓郁，食用口感佳。果实可溶性固形物含量 17%～22%，可滴定酸含量 0.4%～0.5%。结果后每株抽生吸芽 1～5 个，裔芽 0～3 个，地芽 1～8 个。单冠芽，冠芽中等偏大。

综合评价 | 适应性好，春季自然抽蕾较整齐，反季节催花成花容易；夏季正造果成熟期为 7 月下旬至 8 月上中旬，优质。果实适宜鲜食或加工成果汁。

粤彤菠萝

主要性状 | 植株高大，株形较直立。叶片略窄、军绿色，叶背面有多条白色蜡粉条带，叶缘无刺，叶尖柔软。花瓣蓝紫色。果实成熟时果皮紫红色，圆筒形，单果质量 1.30～1.60 kg；果眼较平；果肉黄橙色略偏紫红色，肉质清甜、多汁，纤维略粗，香味较浓。果实可溶性固形物含量17%～20%。结果后每株抽生吸芽 3～5 个，裔芽 1～3 个，地芽 1～5 个。单冠芽，冠芽紫红色，中等大小。

综合评价 | 适应性好，春季自然抽蕾较整齐，夏季正造果成熟期为 7 月下旬至 8 月上中旬，丰产稳产。果实适宜鲜食或加工。

粤甜菠萝

主要性状｜植株较小，株形较开张。叶片较宽，全缘有刺。果实成熟时果皮黄色，果形端正，短筒形，中等大小；单果质量 0.90～1.30 kg；果眼浅；果肉橙黄色，肉质爽脆，纤维少，香甜多汁；果柄短。果实可溶性固形物含量 20%～24%。结果后每株抽生吸芽 1～3 个，无裔芽，地芽 1～3 个。单冠芽，冠芽中等偏小。

综合评价｜适应性较好，生长势强，耐寒、耐旱性好，稳产，品质优。春季自然抽蕾较整齐，反季节催花成花容易；夏季正造果成熟期为 6 月中下旬至 7 月上中旬。该品种是适宜鲜食和加工的优良品种。

甜蜜蜜菠萝

别　　名｜台农16号菠萝。

主要性状｜植株中等偏大，株形较开张。叶片较宽，叶缘无刺或叶尖偶有少许小刺，叶边缘绿色，中心部位有紫红色条带。果实成熟时果形较长，近圆筒形或锥形，部分果实因顶部小果发育不完整而略尖，单果质量 1.30～1.90 kg；果眼较平；果肉淡黄色，肉质细嫩，纤维少，清甜多汁，食用口感较好。果实可溶性固形物含量 17%～21%，可滴定酸含量 0.4%～0.7%。结果后每株抽生吸芽 2～5 个；裔芽较多，通常 5～9 个；地芽 1～4 个。单冠芽，冠芽较大。

综合评价｜适应性、生长势中等，春季自然抽蕾较整齐，反季节催花成花整齐度较差，夏季正造果成熟期为 6 月下旬至 7 月上旬，丰产。果实以鲜食为主。该品种青皮熟果比例较高，应注意采收成熟度，不宜过熟。

金钻菠萝

别　名│台农17号菠萝。

主要性状│植株中等大小。叶片较开张，叶片表面草绿色，叶槽中部偏紫红色，天气干燥时叶片紫红色更明显，叶片凹陷不明显。果实成熟时果皮略带紫红色，中等偏大，圆筒形，部分果实稍带锥形，单果质量 1.20～1.80 kg；果肉黄色至金黄色，质地较密，肉质脆嫩，多汁，纤维少，风味浓。果实可溶性固形物含量 15%～18%，可滴定酸含量 0.3%～0.5%。结果后每株抽生吸芽 3～5 个，裔芽较少，地芽 1～4 个。单冠芽，冠芽中等大小。

综合评价│适应性、生长势中等，春季自然抽蕾较整齐，反季节催花成花整齐度较差，夏季正造果成熟期为 6 月中下旬至 7 月上旬，丰产。果实以鲜食为主。生产中应注意采收成熟度，不宜过熟。

香水菠萝

别　　名 | 台农11号菠萝。

主要性状 | 植株中等偏小，株形较开张。叶片绿色，叶片中间具有淡紫红色彩带，叶尖有少量小刺。果实成熟时中等大小，圆锥形，平均单果质量1.10 kg；果眼偏小，较突，深度0.8～1.0 cm；果肉清甜多汁，肉质较滑，具有特殊的香味。果实可溶性固形物含量14%～16%。结果后每株抽生吸芽3～5个；裔芽较多，通常6～10个；地芽1～3个。单冠芽，冠芽中等偏大。

综合评价 | 适应性、生长势中等，春季自然抽蕾较整齐，反季节催花成花整齐度较差，夏季正造果成熟期为6月下旬至7月上中旬，较丰产。果实以鲜食为主。生产中应注意采收成熟度，不宜过熟。

剥粒菠萝

别　　名 | 台农4号菠萝、释迦凤梨。

主要性状 | 植株高大，株形较直立。叶细密，叶片全缘有硬刺。果实成熟时呈短筒形，中等偏大，单果质量 1.00～1.30 kg；果眼略突；果肉金黄色，肉质细密、脆、香甜、纤维少。果实可溶性固形物含量 16%～18%，可滴定酸含量 0.4%～0.6%。结果后每株抽生吸芽 1～6 个，裔芽 1～7 个。单冠芽，冠芽中等偏大。

综合评价 | 适应性好，生长势旺，春季自然抽蕾较整齐，反季节催花成花较容易，夏季正造果成熟期为 7 月中下旬，丰产。果实以鲜食为主。

西瓜菠萝

别　　名 | 台农22号菠萝。

主要性状 | 植株高大，株形较直立。叶片无刺，黄绿色，叶背有多条黄白色横条纹。果实未成熟时果皮灰绿色，成熟时果皮暗黄色，椭球形；小果数多，果大似西瓜，单果质量1.50～4.00 kg，平均单果质量2.00 kg；果眼平；果肉淡黄色，清甜多汁，质地脆，果心宽。果实可溶性固形物含量14％～16％。结果后每株抽生吸芽3～6个，裔芽少。单冠芽，冠芽中等大小。

综合评价 | 适应性好，生长势旺，春季自然抽蕾较整齐，反季节催花成花整齐度较差，夏季正造果成熟期为7月中下旬，丰产。果实以鲜食为主。

牛奶菠萝

别　　名｜台农20号菠萝。

主要性状｜植株高大，较紧凑。叶片长，柔软，叶缘无刺。果实成熟时圆筒形，果皮暗黄色，果柄细长，果实大，单果质量1.30～1.70 kg；果眼大而略突；果肉乳白色，纤维少，肉质细腻，稍松软，清甜多汁。果实可溶性固形物含量13%～15%。结果后每株抽生吸芽3～5个，裔芽2～5个。单冠芽，冠芽中等偏大。

综合评价｜适应性好，生长势旺，春季自然抽蕾较整齐，反季节催花成花整齐度较差，夏季正造果成熟期为7月中下旬至8月上中旬，丰产。果实以鲜食为主。

Josapine 菠萝

主要性状 | 植株较小，生长健壮。叶片较短，叶缘全缘有刺，叶片正面、背面中间暗红色明显。果实成熟时短圆筒形或近椭球形，果皮深紫色，单果质量 1.00～1.30 kg；果肉深黄色，香味浓郁。果实可溶性固形物含量 17%～22%。结果后每株抽生吸芽 2～5 个，裔芽 2～3 个。单冠芽，冠芽中等大小。

综合评价 | 适应性好，生长势旺，结果早，生长周期较短。春季自然抽蕾较整齐，反季节催花成花较容易，夏季正造果成熟期为 7 月中下旬，产量中等。果实鲜食品质较好，以鲜食为主。

Pérola 菠萝

别　　名｜黑凤梨、黑菠萝。

主要性状｜植株中等大小，健壮。叶片较直立，叶缘有刺，暗绿色，抽生的新叶呈淡紫红色。果实成熟时中等大小，近圆锥形，单果质量 0.90～1.30 kg；果眼中心稍黄；果肉白色或淡黄色，软嫩，香甜多汁。果实可溶性固形物含量 13%～16%。结果后每株抽生吸芽多，10～20 个；裔芽 3～10 个。单冠芽，冠芽中等偏大。裔芽、冠芽呈紫红色。

综合评价｜适应性好，生长势旺，春季自然抽蕾较整齐，夏季正造果成熟期为 7 月中下旬，丰产。果实以鲜食为主。

旺来菠萝

主要性状 | 植株较大，株形开张。叶色鲜艳，叶片正面中间绿色，边缘有红色的褶，叶片全缘有刺，叶刺红色，叶片背面边缘有黄色的褶。果实成熟时果形较小，果皮红色，小果苞片红色，果眼较突；果肉黄色，果汁含量中等。果实可溶性固形物含量约15%，纤维较多。结果后每株抽生吸芽1～5个，裔芽2～5个。单冠芽，冠芽大。

综合评价 | 夏季正造抽蕾期为2月中下旬，花期为3月下旬至4月下旬。该品种多作观赏用。

冬蜜菠萝

别　　名 | 台农13号、甘蔗凤梨。

主要性状 | 植株高。叶片硬长、直立，叶尖及基部常见零星小刺，叶面草绿色，中部有紫红色条带。果实成熟时略呈圆锥形，平均单果质量1.20 kg；果眼较突；果肉金黄色，纤维略粗。果实可溶性固形物含量14%～17%，可滴定酸含量0.3%～0.5%。结果后每株抽生吸芽1～5个，裔芽3～5个。单冠芽，冠芽大。

综合评价 | 适应性好，生长势旺，春季自然抽蕾较整齐，反季节催花成花整齐度较差，夏季正造果成熟期为7月下旬至8月中旬。果实宜作鲜食。种植中应注意果心断裂问题，注意防治菠萝粉蚧。

蜜宝菠萝

别　　名 | 台农19号菠萝。

主要性状 | 植株较大，株形开张。叶缘无刺或叶尖偶有少许小刺，叶片暗绿色。果实未成熟时果皮暗灰色，成熟时果皮青绿色至黄绿色，果皮薄，果实圆筒形或椭球形，单果质量1.20～1.50 kg；果眼较浅；果肉黄色或金黄色，香甜多汁。果实可溶性固形物含量15%～18%，可滴定酸含量0.5%～0.6%。结果后每株抽生吸芽1～5个，裔芽少。单冠芽，冠芽较大。

综合评价 | 适应性好，生长势旺，春季自然抽蕾较整齐，反季节催花成花整齐度略差，夏季正造果成熟期为7月中下旬至8月上旬。果实宜作鲜食。该品种青皮熟果比例较高，应注意采收成熟度，不宜过熟。

黄金菠萝

别　　名 | 台农21号菠萝。

主要性状 | 植株较大，生长旺盛，株形开张。叶缘无刺或仅叶尖偶有少许小刺，叶片表面深绿色，凹陷明显。果实圆筒形，果眼苞片及萼片边缘呈皱褶状，单果质量1.00～1.30 kg；果眼较平；果实发育后期果皮呈绿色，成熟时转为黄色；果肉金黄色，肉质致密，纤维粗细中等。果实可溶性固形物含量15%～18%，可滴定酸含量约0.6%。结果后每株抽生吸芽2～3个，裔芽2～3个。单冠芽，冠芽较大。

综合评价 | 适应性好，生长势旺，春季自然抽蕾较整齐，反季节催花成花整齐度略差，夏季正造果成熟期为8月上中旬。果实宜作鲜食。应注意采收成熟度，不宜过熟。

金菠萝

别　名 | MD-2菠萝。

主要性状 | 植株高大，株形较直立。叶色浓绿，叶片较长，略窄，凹陷明显；叶片全缘无刺，部分植株在叶基部或叶尖偶有少许小刺。花淡紫红色。果实圆筒形或短筒形，果形端正、较大；果皮薄，成熟时果皮金黄色；平均单果质量 1.50 kg；果眼大而扁平；果肉黄色，纤维较多，清甜多汁。果实可溶性固形物含量 16%～18%，可滴定酸含量 0.5%～0.6%。结果后每株抽生吸芽 2～5 个，裔芽 1～5 个。单冠芽，冠芽大。

综合评价 | 适应性好，生长势旺，春季自然抽蕾较整齐，反季节催花成花整齐度略差，夏季正造果成熟期为 8 月上中旬。果实适合鲜食或加工。种植中较易感染心腐病，注意采收成熟度及出现"水菠萝"问题。

芒果菠萝

别　名 | 台农23号菠萝。

主要性状 | 植株中等大小，株形较开张。叶片较短，较平展，暗绿色，叶缘无刺或叶尖偶有小刺。果实短圆筒形或近球形，成熟时果皮黄色稍带橙红色，果皮薄，平均单果质量 1.30 kg；果眼浅；果肉黄色，具有杧果香味，果心纤维较粗。果实可溶性固形物含量 17%～20%。结果后每株抽生吸芽 2～6 个，裔芽少。单冠芽，冠芽较短小。

综合评价 | 适应性好，生长势旺，春季自然抽蕾较整齐，反季节催花成花整齐度略差，夏季正造果成熟期为 8 月上中旬。果实适宜鲜食。

金桂花菠萝

别　　名｜台农18号菠萝。

主要性状｜植株中等大小，株形较开张。叶片绿色，全缘有刺，较长，略窄，凹陷明显。果实成熟时短筒形，中等大小，果皮较厚，黄色；单果质量1.10～1.50 kg；果眼较深；果肉黄色，致密，纤维中等，具有桂花的香味，多汁。果实可溶性固形物含量16%～19%。结果后每株抽生吸芽3～7个，裔芽2～5个。单冠芽，冠芽较大。

综合评价｜适应性好，生长势中等，春季自然抽蕾较整齐，反季节催花成花较容易，夏季正造果成熟期为7月中下旬。果实适宜鲜食。

Selangor Sweet 菠萝

主要性状 | 植株高大，株形较直立。叶色浓绿，叶片较长，略窄，凹陷明显，叶片全缘无刺，部分植株在叶尖偶有少许小刺。叶和花序全绿，苞片浅黄色。果实未成熟时浓绿色，成熟时黄色，短筒形，中等偏大，单果质量1.10～1.50 kg，果皮较薄，果眼较浅；果肉黄色，常有白斑，清甜多汁。果实可溶性固形物含量17%～19%。结果后抽生吸芽3～5个，裔芽2～5个。单冠芽，冠芽大。

综合评价 | 适应性好，生长势旺，春季自然抽蕾较整齐，夏季正造果成熟期为7月下旬至8月上旬。果实适宜鲜食或加工成圆片罐头、果汁。

珍珠菠萝

别　　名 | 台农136号菠萝。

主要性状 | 植株较高大，株形开张。叶片绿色，较长，叶片较厚，凹陷明显，叶缘无刺或叶尖偶有少许小刺。花紫红色。果实成熟时短筒形或椭球形，单果质量1.20～1.80 kg，小果较平，果眼浅，果柄较短；果肉淡黄色，质地软，清甜多汁，果心大，纤维较多。果实可溶性固形物含量12%～15%。结果后每株抽生吸芽1～2个，裔芽1～5个。单冠芽，冠芽大。

综合评价 | 适应性好，生长势旺，春季自然抽蕾较整齐，夏季正造果成熟期为7月下旬至8月上旬。果实适宜鲜食。

4-1 菠萝

主要性状 | 植株高大健壮。叶缘无刺或叶尖、叶基部有少许小刺，叶面光滑，中部彩带不明显，叶背披白粉。果实圆筒形或近球形，单果质量1.30～1.60 kg；小果数较多，果眼较扁平，果柄长度中等；果心韧，果肉嫩滑、黄色，清甜多汁，香味较浓。果实可溶性固形物含量17%～19%，可滴定酸含量0.5%～0.7%。结果后每株抽生吸芽3～6个，裔芽少。单冠芽，冠芽大。

综合评价 | 适应性好，生长势强，经过冬季低温后春季自然抽蕾较整齐，夏季正造果成熟期为7月下旬至8月上中旬，丰产性好。果实适宜鲜食或加工成果汁、圆片罐头。

9号菠萝

主要性状 | 植株高大，较直立。叶缘有刺。花淡紫色。果实筒形，单果质量1.40～1.60 kg；成熟时果皮为黄色，果眼略突；果肉黄色，肉质及果心均爽脆，纤维少，香味浓郁，食用口感佳。果实可溶性固形物含量18%～22%，可滴定酸含量0.4%～0.5%。结果后每株抽生吸芽2～4个，裔芽1～3个，地芽1～5个。单冠芽，冠芽中等偏大。

综合评价 | 适应性较好，春季自然抽蕾较整齐，反季节催花成花容易，夏季正造果成熟期为8月上中旬，丰产、优质。果实适宜鲜食或加工成果汁、圆片罐头。

10号菠萝

主要性状 | 植株较小，株形较开张。叶片较宽，全缘有刺。果实成熟时果皮黄色，长圆锥形，果柄短，果眼较浅；果肉橙黄色，肉质爽脆，纤维少，香甜多汁。果实可溶性固形物含量17%～21%，品质优。结果后每株抽生吸芽1～3个，裔芽少或无，地芽1～3个。单冠芽，冠芽偏小。

综合评价 | 适应性好，生长势强，反季节催花成花容易，丰产稳产。该品种是适宜于鲜食的优良品种。

11号菠萝

主要性状│植株较小，株形较开张。叶片较宽，全缘有刺。果实成熟时果皮黄色，圆球形，果柄短，果眼较浅；果肉橙黄色，肉质爽脆，纤维少，香甜多汁。果实可溶性固形物含量18%～23%，品质优。结果后每株抽生吸芽1～3个，裔芽少或无，地芽1～3个。单冠芽，冠芽中等偏大。

综合评价│适应性好，生长势强，耐寒、耐旱性好。春季自然抽蕾较整齐，反季节催花成花容易；夏季正造果成熟期为6月中下旬至7月上中旬，稳产。该品种是适宜于鲜食的优良品种。

12号菠萝

主要性状 | 植株较小，株形开张。叶片全缘有刺，长度中等，较平展，暗绿色。果实成熟时呈圆筒形或圆锥形，果眼较突，单果质量 0.80～1.20 kg；果肉黄色，致密，爽脆，纤维少，香甜，多汁。果实可溶性固形物含量 17%～20%。结果后每株抽生吸芽 5～10 个，裔芽 2～5 个。单冠芽，冠芽中等大小。

综合评价 | 适应性好，生长势中等，春季自然抽蕾较整齐，反季节催花成花容易，夏季正造果成熟期为 7 月上中旬。果实适宜鲜食。

菠萝种质资源

热农8号菠萝

主要性状 | 株型较紧凑；叶片较直立、叶面平展、叶缘无刺，叶色浓绿、有紫色光泽。果实圆柱形，果眼浅，小果数量 120 ～ 140 个，平均单果质量 1.40 kg；果肉淡黄色。单冠芽，冠芽中等偏大。

综合评价 | 生长势强，较丰产，适宜鲜食。

热农8号、热农17号菠萝照片由孙伟生提供，谨此致谢！

112

热农17号菠萝

主要性状 | 植株较直立，生长势强，叶片叶缘有刺；叶片颜色绿色，有紫红色色泽，花青苷显色中等；叶片长而厚，且较硬；果实长圆柱型，小果扁平，果实中等大小，平均单果质量 1.50 kg；果眼浅，果柄短。单冠芽，冠芽较大。

综合评价 | 生长势强，较丰产、品质好，适宜鲜食。

苹果菠萝

别　　名 | 台农6号菠萝。

主要性状 | 植株较高大，株形开张。叶片较长，相对较平展，韧性强，绿色，中间带红色，叶缘无刺或叶尖偶有少许小刺。果实成熟时圆筒形或近球形，果皮薄，单果质量 1.00～1.50 kg；果眼扁平；果肉浅黄色，致密，爽脆，具有苹果香味，纤维少，多汁，果心稍粗。果实可溶性固形物含量 14%～17%。结果后每株抽生吸芽 2～5 个，裔芽 1～5 个。单冠芽，冠芽中等偏大。

综合评价 | 适应性好，生长势中等，春季自然抽蕾较整齐，夏季正造果成熟期为 7 月下旬至 8 月上旬。果实适宜鲜食。